Tilly Tierlieb

ist Tierärztin und heißt eigentlich Dr. Ottilie Mann. Schon als kleines Mädchen hat sie ihren Spitznamen „Tilly Tierlieb“ erhalten. Kein Wunder: Sie hat Tiere schon immer geliebt.

Frau Förster

ist die Mutter von Sina und Max und genießt es, am Stadtrand zu leben: Im Grünen und doch nah bei der Stadt. Als Kind hat sie gern mit Katzen gespielt.

Herr Förster

ist der Vater von Sina und Max und freut sich immer über einen Grund zum Basteln. Er baut alles: eine Puppenwiege, einen Kaufladen und natürlich auch eine Hasenburg für Schnuffi!

Margot Scheffold

Tierärztin Tilly Tierlieb

Schildkröte Emma

Illustriert von Dorothea Tust

BAUMHAUS VERLAG

Alle Angaben in diesem Buch sind sorgfältig geprüft und erfolgen nach bestem Wissen und Gewissen. Sorgfalt bei der Umsetzung ist dennoch geboten und jeder Anwender muss selbst prüfen, ob die Angaben nicht durch neuere Kenntnisse überholt sind. Dazu gehört z. B., im Zweifelsfall einen Tierarzt zu konsultieren, Beipackzettel zu Medikamenten zu lesen und Gebrauchsanweisungen zu befolgen. Der Verlag und die Autoren übernehmen keinerlei Haftung für Personen-, Sach- oder Vermögensschäden, die aus der unsachgemäßen Anwendung der vorgestellten Materialien und Methoden entstehen könnten.

Wir danken Dr. med. vet. Kristian Faulstroh
von der Tierärztlichen Klinik Dr. Eichhorn & Dr. Faulstroh
für seine fachliche Beratung.

Lektorat: Sigrid Vieth
Umschlag: Jutta Hohl-Wolf
Satz und Lithos: Helmut Schaffer
Herstellung: Ortrud Müller

ISBN 978-3-8339-3609-8

Gesamtverzeichnis schickt gern: Baumhaus Verlag,
Ludwigstraße 33-37, 60327 Frankfurt am Main
http://www.baumhaus-verlag.de

5 4 3 2 1 08 09 10 11 2012

Inhalt

Sprechstunde im Pausenhof 5

Maxidoc & Partner 11

Kombiniere ... das läuft nicht! 16

Immer diese Mädchenbande! 22

Urweltwunder lassen grüßen 32

Prima Klima im Glaspalast 43

Laufend Ärger mit Emma 51

Wird jetzt alles gut? 57

Hilfe, bissige Schildkröte! 63

Ach, du dickes Ei! 72

Emma Emsig und der Babybrüter 78

Zwei Monate später 88

Tipp vom Tierarzt 99

Sprechstunde im Pausenhof

„Ganz einfach“, tönt eine Stimme aus der Ecke des Pausenhofs. Ein paar Jungs stehen dort zusammen.
„An der Leine führt man das Pferd. Aber man gibt damit auch Signale. Trotzdem läuft das meiste über die Stimme. Wenn das Pferd dich gut kennt, versteht es dich.“
Die Jungen staunen. Sie sind voll Bewunderung, aber auch ein bisschen verwirrt.
„Ehrlich, Maxi“, ruft ein vorwitziger Blonder. „Ich find’s megacool, wie du das Fohlen trainierst. Aber ich kapier einfach nicht, woher es weiß, was es tun soll.“
Unwillig schüttelt Maxi den Kopf.

„Omannomann“, stöhnt er. „Du musst dir Zeit nehmen für ein Tier. Beobachten, füttern, pflegen! Allmählich vertraut es dir. Dann kannst du versuchen, ihm etwas beizubringen. Wenn ein Tier sich wohlfühlt, hat es auch Spaß am Lernen. Naja … vielleicht nicht jeden Tag. Ihr kennt das ja.“

Die Jungs lachen. Maxi schneidet eine Grimasse und unkt: „In der Pferdeschule ist es wie bei uns: Blaumachen gilt nicht!“ Er hebt den Finger und wirft seinem Kumpel Lenni einen vielsagenden Blick zu. Der versteht sofort, was gemeint ist: „Erst die Übung macht den Meister“, vollenden sie den Satz im Duett.
Der große Junge grinst. Mit einem Augenzwinkern ergänzt er: „Für Tiertrainer gilt dasselbe. Die brauchen auch erst Übung

– und einen guten Lehrer. Und Angst haben dürfen sie schon gar nicht – auch nicht vor großen Tieren."

Jetzt runzelt Maxi die Stirn. Mit einem unsanften Knuff will er seinen Freund zum Schweigen bringen. In diesem Moment bemerkt er ein Mädchen. Halb verdeckt von seinen Klassenkameraden hat es ihm schon eine ganze Weile zugehört. Nun macht es einen Schritt nach vorn.
„Hallo Max", sagt das Mädchen. „Ich bin Kira."

Hilfe suchend sieht Maxi sich nach seinem besten Freund um. Doch Lenni grinst noch unverschämter als zuvor. An ein Gespräch unter Männern ist gar nicht zu denken. Kurz entschlossen wendet sich Maxi an Kira. „Und?", fragt er ruppig.

Kira stutzt. Da erhält sie einen Stoß. Ihre Freundin steht hinter ihr und schiebt sie nach vorn. Jetzt gibt es kein Zurück mehr.

„Wir haben einen Klassenausflug in die Westernstadt gemacht“, sagt Kira hastig. „Das Fohlen hat mir am besten gefallen. Frau Neises hat erzählt, dass ein Junge aus der Parallelklasse sich darum kümmert. Sie sagt, du verstehst eine Menge

von Tieren. ‚Von Maxi könnt ihr noch was lernen‘, hat sie gesagt. Deswegen bin ich hier. Meine Emma hat nämlich ein Problem.“
Maxi bekommt rote Ohren. Dann breitet sich ein Grinsen über sein Gesicht aus. „Kein Problem“, strahlt er. „Ich hab’ sowieso gerade Tiersprechstunde.“

„Frag Maxidoc“, ermuntert der blonde Junge Kira. „Maxi hat schon tausend Tiere behandelt. Hund, Katze, Maus – alles kein Problem. Stimmt’s, Max?“
Wieder dreht sich Maxi nach Lenni um. Der macht ein bedenkliches Gesicht, doch er überlässt dem Jüngeren das Wort.
„Tja, also“, beginnt der selbst ernannte Tierdoktor. „Was ist denn das Problem mit Emma?“

Maxidoc & Partner

„Das Hauptproblem ist, dass ich sie erst vor Kurzem von meiner Reitlehrerin übernommen habe“, erklärt Kira. „Die ist mit ihrem Freund zusammengezogen. Und weil er einen Boxer hat, konnte sie Emma nicht mitnehmen. Da habe ich sie zu mir geholt.“

„Ja, klar.“ Maxi räuspert sich. „Für Kleintiere ist das Zusammenleben mit großen Hunden lebensgefährlich. Außer, wenn sie zusammen aufgewachsen sind. Aber normalerweise schnappt der Hund irgendwann zu, wenn so ein Knäuel immer vor seiner Nase rumflitzt.“

Kira widerspricht: „Emma flitzt nicht. Und sie ist auch kein Knäuel. Eher schon ein Ball. Aber wenn Mirka mit ihr spielen will, tut er ihr natürlich weh.“

Max macht große Augen. „Ist Emma denn kein Meerschweinchen?“, fragt er verblüfft. „Oder ein Kaninchen, ein Hamster oder eine Rennmaus? Von denen kenne ich das Hundeproblem nämlich. Aber wie ein Ball sieht keiner von denen aus.“
„Von wegen!“, strahlt Kira voller Stolz. „Emma ist kein Plüschi-Plüschi. Sie ist ein echtes Urzeitmonster.“

Max ist sprachlos. Obwohl die Jungs ihn erwartungsvoll anstarren, fällt ihm einfach kein passender Kommentar ein. Da greift Kira in ihre Jeanstasche. Erst angelt sie daraus eine orangefarbene Geldbörse

mit Sauriermuster. Dann pult sie aus dem Täschchen ein zusammengefaltetes Foto heraus. Lächelnd streicht sie es glatt und hält es Maxi vor die Nase.
„Omannomann“, stöhnt der. Mehr fällt ihm dazu nicht ein.
Die anderen Jungs drängen herbei und stecken die Köpfe zusammen. Auch ihnen verschlägt es die Sprache. Der blonde Alex ist der Einzige, der etwas sagt. Viel ist es allerdings nicht. „Boah, ey!“, ist alles, was ihm zu dem Foto einfällt.

Als Lenni den kleineren Jungen über die Schulter späht, kann er einen Blick auf Emmas Porträt erhaschen. Die Nahaufnahme zeigt einen schuppigen, braunen Kopf mit faltigem Hals. Der runde Schädel läuft in einen schnabelartigen Mund aus. Doch obwohl dessen gezackter Rand fast ein wenig bedrohlich wirkt, blicken die großen braunen Knopfaugen ruhig und freundlich.

„Ist sie nicht süß?“, fragt Kira und gibt sich selbst die Antwort: „Schildkröten sind einfach etwas Besonderes.“
„Aber keine Urzeitmonster – auch wenn sie fast so aussehen“, verbessert Lenni. Kira lässt sich nicht beeindrucken.

Mit fester Stimme sagt sie: „Aber sicher. Schildkröten sind die älteste Tierart der Welt. Viel, viel älter als alle Dinosaurier!“

Die Jungs staunen, doch keiner wagt zu widersprechen. Nur Maxi meldet sich zu Wort. „Kann ich sie mal sehen?“, fragt er begierig. „Ich meine – was soll eine Sprechstunde ohne Patient? Am Foto kann ich ihr Problem bestimmt nicht lösen.“

„Klar“, sagt Kira. „Sowieso. Du kannst direkt nach der Schule mitkommen. Ich wohne gar nicht weit von hier. Um eins am Hausmeisterstand?“

„Geht in Ordnung“, verspricht Maxi hocherfreut. Schnell fügt er hinzu: „Aber Lenni muss mit. Der ist nämlich mein Partner. Wir sind Maxidoc und Co.“

Kombiniere … das läuft nicht!

Als sie mittags vor Kiras Haus ankommen, hält Lenni seinen Freund zurück. „Hör mal, Maxi“, zischt er, während Kira die Treppe hinaufstürmt. „Du weißt genau, wer dir geholfen hat, deine Angst vor Pferden zu überwinden. Ohne Tilly Tierlieb wärst du garantiert kein Fohlentrainer. Sie ist die Tierärztin – und du bist bestenfalls ein Minidoc! Wir sind das Tilly-Tierlieb-Team und fertig. Außerdem sind wir zu dritt. Also mach nichts ohne Sina. Und ohne Tilly schon gar nicht.“

„Omannomann“, schnaubt Maxi. „Sina, Sina! Kann ich vielleicht ein Mal was ohne meine olle Schwester machen?“

Frech fügt er hinzu: „Oder bist du in sie verliebt und willst deshalb, dass sie mitkommt?"
„Quatsch!", sagt Lenni mit hochrotem Kopf. Aber er hält den Mund, als Kira die Jungen in die Wohnung winkt.

„Darf ich vorstellen?", fragt sie und hebt ein gelbbraunes Wesen aus dem gläsernen Terrarium. „Das ist Emma."
Langsam wendet die Schildkröte ihnen den Kopf zu, den die Jungs ja schon vom Foto kennen. Wieder staunen sie über den aufmerksamen, nachdenklichen Blick.
„Sie sieht so ... klug aus", flüstert Maxi.
Kira strahlt. „Du kannst ruhig lauter sprechen", sagt sie. „Schildkröten hören nicht besonders gut – oder siehst du irgendwelche Ohren?"

Während Maxi beschämt den Kopf schüttelt, fügt sie hinzu: „Aber du hast recht. Nina, meine Reitlehrerein, sagt auch: ‚Schildkröten sind nicht nur uralt. Sie gelten auch als weise.' Und meine kleine Emma hier weiß ganz bestimmt besonders viel."

Dabei krault sie der Schildkröte mit dem Zeigefinger der rechten Hand den kahlen Schädel. Emma scheint dies zu genießen. Sie aalt sich regelrecht unter der Berührung. Sogar ihre stämmigen

Beinchen recken und strecken sich ein wenig.
Das erinnert Kira an etwas. „Achtet mal auf die Beine“, bittet sie die Jungs und setzt Emma auf den Teppichboden.
„Ganz schön klobige Stampfer“, kommentiert Maxi vergnügt. „Die hat ja Beine wie Säulen!“
„Und mit richtigen Schuppen“, sagt Lenni. „Sieht aus wie … Tannenzapfen, oder?“
„Genau“, kichert Maxi. „Und dazu die Baggerzehen! Echt urig, deine Tante Emma!“

Währenddessen hat die urige Tante sich in Bewegung gesetzt. Das heißt: Ihre Beinchen bewegen sich, doch sie kommt nicht voran.
„Seht ihr?“, fragt Kira und hebt Emma wieder auf. „So geht das schon die ganze Zeit. Ich wollte Nina fragen, ob sie weiß,

was mit Emma los ist. Aber die ist in Urlaub. Nina hatte nämlich was von Freilauf erwähnt, aber so läuft das einfach nicht!" Mit diesen Worten setzt sie das Tier zurück in seinen Glaskasten. Der ist mit Sand, Steinen und einem knorrigen Ast ausgestattet. Daneben steht eine Schale mit Wasser.

Maxi blickt von Emma zur Schale und von der Schale zu Emma. „O. k.“, verkündet er dann. „Also: ich kombiniere … Emma will gar nicht laufen, sondern schwimmen! Du siehst doch, wie sie mit den Beinen rudert.“ Kira starrt Max entgeistert an. „Spinnst du?“, entfährt es ihr. „Emma ist eine Landschildkröte! Die können gar nicht schwimmen! Im Gegenteil: Nina sagt, kleine Landschildkröten können sogar in ihrem Wassernapf ertrinken.“

Max reagiert schnell. „War nur Spaß!“, beteuert er. „Ich seh’ doch, dass sie Sand gerne hat. Wahrscheinlich gibt es in ihrem Glashaus nicht genug davon. Und weil der Teppich so schön beige ist, will sie jetzt mal richtig buddeln. Gib ihr mehr Sand und fertig!“

Immer diese Mädchenbande!

Am nächsten Tag ist Tilly-Tag. Jeden Mittwochnachmittag treffen sich Lenni, Max und Sina bei der „Kleintierpraxis Dr. Ottilie Mann“. So steht es auf dem Schild neben der Tür. Doch für die Kinder ist Frau Dr. Mann ganz einfach Tilly – Tilly Tierlieb.
Seit die junge Tierärztin den Kindern ihren Spitznamen verraten hat, sind sie ein eingeschworenes Team. Die drei helfen regelmäßig in der Praxis und haben dabei schon jede Menge gelernt.
Diesmal kommt ihnen Tilly schon im Wartezimmer entgegen.
„Ihr könnt gleich mitkommen“, sagt sie.
„Der nächste Termin ist um drei Uhr.
Das gibt uns Zeit für einen Hausbesuch.“

Kurz danach sitzen sie im Geländewagen der Tierärztin. Maxi thront auf dem Beifahrersitz. Normalerweise fühlt er sich dort wie der König der Straße. Doch diesmal ist alles anders. Je länger sie fahren, desto länger wird sein Gesicht. Erst geht es zurück in Richtung Schule. Dann biegen sie in eine Seitenstraße ein. Ruckartig dreht Maxi sich zu Lenni um. Der schneidet eine Grimasse.

Im Treppenhaus flüstert der große Junge: „Hilfe! Was machen wir denn bei Kira?"
Maxi hat es die Sprache verschlagen. Er stöhnt nur „Omannomann!"
Tilly Tierlieb beachtet ihre Panik nicht. Munter kündigt sie an: „Passt gut auf! Heute geht es um eine Tierart, die wir noch nie zusammen verarztet haben: eine Griechische Landschildkröte."

Während Sinas Grinsen immer breiter wird, winden sich die Jungs vor Verlegenheit. Als Kira die Wohnungstür öffnet, begrüßt sie Maxidoc und seinen Partner mit fröhlichem „Hallo“. Dann strahlt sie Sina an und gibt der Tierärztin die Hand.
„Danke, dass Sie kommen konnten“, sagt sie und geht ins Kinderzimmer.

Diesmal hebt Tilly das Tier aus dem Terrarium. Sofort zieht Emma sich in ihren Panzer zurück. Tilly schmunzelt. „Braves Mädchen“, lobt sie. „So muss eine gesunde Schildkröte reagieren, wenn Fremde sie berühren.“

Sie setzt Emma auf den Schreibtisch und wartet, bis sie ihren Kopf wieder hervorstreckt. Dann geht die Untersuchung weiter.

„Klare Augen“, murmelt die Tierärztin. „Keine Schleimbildung. Nase trocken, Atem geräuschlos. Glück gehabt – erkältet ist sie jedenfalls nicht!“ Dabei wirft sie Lenni und Max einen seltsamen Blick zu.

In diesem Moment beginnt Emma, ganz gemütlich über den Tisch zu spazieren. Ein scharrendes Geräusch ist zu hören. Tilly nickt. Dann zieht sie etwas aus ihrer Tasche und hält die Schildkröte mit geübtem Griff fest. Dabei hindert sie Emma daran, die Vorderbeine in den Panzer zurückzuziehen.

Erst jetzt sehen die Kinder, was sie in der anderen Hand hat: eine Nagelzange. Damit knipst die Tierärztin vorsichtig die Krallen der Schildkröte ab. Das Gleiche wiederholt sie wenig später an den Hinterbeinen.

„So“, strahlt sie dann. „Jetzt könnte sie sogar über den Teppich laufen. Zumindest würde sie nicht mehr in den Schlingen hängen bleiben. Das heißt, sie müsste nicht mehr zappeln, um sich loszureißen. Die Gefahr, dass sie sich dabei verletzt, ist nämlich sehr groß. Aber das ist nicht der einzige Grund, warum Schildkröten sowieso nicht auf den Fußboden dürfen.“

Kira guckt erstaunt. „Aber das Terrarium ist doch so klein“, sagt sie zaghaft.
Tilly sieht sie ernst an. „Wenn du barfuß

durch die Wohnung gehst, merkst du selbst, wie schnell du kalte Füße bekommst. Vielleicht fängst du auch an zu schniefen. Aber mit einer Schniefnase ist es für unseren kleinen Südländer hier nicht getan. Schildkröten kommen nämlich aus Südeuropa. Deshalb ist Sonnenwärme für sie lebenswichtig. Jede Erkältung kann tödlich sein. Also: Freilauf ist gut, aber besser unter Beobachtung auf einem Schreibtisch – oder in einer

speziellen Freianlage. Ich zeige euch mal eine. Kommt Freitagmittag zu meiner Praxis, dann sehen wir weiter."
Mit einem Winken verabschieden sich die vier von Kira und verlassen das Haus.

Im Auto platzt es aus Max heraus: „Omannomann, was geht hier eigentlich ab?"
Die Tierärztin lacht. Dann sagt sie: „Hört mal, ihr drei – ihr habt mir schon so oft geholfen. Natürlich wisst ihr mehr über Tiere als andere Kinder. Aber nicht genug für Alleingänge. Ich meine es ernst: Bitte ruft mich an, wenn ein Tier Probleme hat! Ich bin wirklich froh, dass Sina sich heute Morgen gemeldet hat. Gerade Schildkröten sind keine Durchschnittspatienten. Selbst als Tierarzt braucht man zu ihrer Behandlung Spezialkenntnisse. Rätsel-

raten und Kombinieren sind dafür nicht genug. ‚Sandfarbener Teppich, Zappelbeine? Kombiniere, das Tier will graben!' So läuft das nicht. Erstmal runter vom Fußboden! Danach sieht man weiter. Hier gab es ja ein ganz anderes Problem."

„Na klar", brummt Maxi, „Nägelschneiden! Ein echtes Mädchenproblem!"
„Blödsinn!", entgegnet Sina. „Darum geht es doch gar nicht! Gestern hast du getönt, du hättest ganz allein eine Schildkröte kuriert. Da habe ich mir Sorgen gemacht und Tilly angerufen. Heute habe ich in der Pause nach dem Mädchen gesucht, mit dem du gestern abgeschwirrt warst. So haben wir den Hausbesuch geplant."
„Jaja", grollt Maxi. „Und mich habt ihr blamiert!"

Sina schüttelt den Kopf. „Von wegen! Ich habe Kira gesagt, du hättest mich geschickt – und du selbst hättest mit Tilly gesprochen. Also sei zufrieden und halt den Mund!“

Maxi sagt gar nichts mehr. Jedenfalls nicht laut. Nur halblaut brummt er vor sich hin:

„Ist doch wahr, Mann! Sina, Kira, Emma – und Tilly! Immer diese Mädchenbande!“

Urweltwunder lassen grüßen

„Und das“, sagt Frau Roth voll Stolz, „ist unsere Mädchenbande: Molli, Tula und Malula.“ Sie hat die Freitagnachmittagführung durch den „Reptilienzoo Roth“ übernommen. Wie mit Tilly Tierlieb abgesprochen, zeigt sie den Kindern die Freianlage ihrer Schildkrötenabteilung.
Max und Lenni kichern. „Mädchenbande, au weia“, flüstert Maxi. „Das ist bestimmt nichts Gutes.“
Kira und Sina kichern auch. „Das sind witzige Namen“, freut sich die Kleinere der beiden. Sina lässt sich die zwei letzten Namen noch einmal auf der Zunge zergehen. „Tula und Malula“, schwärmt sie. „Das klingt wie Musik.“

Frau Roth lächelt, aber sie schüttelt den Kopf. „Darauf kam es uns gar nicht an", erklärt sie. „Wir haben nur versucht, Mädchennamen mit möglichst vielen A, O und U zu finden, damit die Tiere lernen, auf ihren Namen zu hören. Schildkröten hören nämlich so schlecht, dass sie helle Buchstaben wie E und I meistens überhören. Nur dunkle Töne nehmen sie richtig wahr."

Die Kinder reagieren schnell. „Malula!", ruft Sina.
„Komm, Tula, komm!", lockt Kira.
Doch Maxi übertönt beide. „Hey, Molli!", schreit er. „Ich hab' einen Apfel! Hol' ihn dir!" So weit er kann, schiebt er seine Hand mit dem saftigen Apfelschnitz durch den Maschendrahtzaun. Prompt setzen sich alle drei Tiere in Bewegung.

Frau Roth lacht. „Was meint ihr? Ob sie auf ihren Namen hören oder ob der Apfelduft sie anzieht?“
Die Schildkröten beantworten die Frage auf ihre Art. Die schnellste schnappt sich den Apfel und schluckt ihn schmatzend hinunter.

Ihre Kolleginnen drängen sich trotzdem heran. Und zwar mit solchem Karacho, dass die Panzer mit dumpfem Klang zusammenstoßen.

„Wird jetzt gekämpft?“, fragt Kira ängstlich.

Frau Roth beruhigt sie: „Die drei sind ganz friedlich. Da passiert schon nichts.

Normalerweise ist das Füttern durch den Zaun allerdings verboten. Schildkröten gehen bei der Futtersuche nämlich immer der Nase nach. Weil der appetitliche Geruch nicht sofort verfliegt, bekommen sie es oft zu spät mit, wenn die Leckereien schon abgeräumt sind. Und wenn sie doch noch was erhaschen, schlingen sie alles gierig hinunter. Wir füttern deshalb auch ausgewachsene Tiere nie zusammen mit Jungtieren. Die Kleinen werden dabei immer angerempelt und gequetscht."

„Die drei hier sind aber ziemlich ausgewachsen, oder?", fragt Sina.
Kira meint anerkennend: „Die sind ja so groß wie Sofakissen."
„Und doppelt so hoch", ergänzt Maxi.
„Nur härter. Und mit schönerem Muster", grinst Lenni.

Frau Roth gibt ihm recht: „Strahlenschildkröten haben eine besonders hübsche Zeichnung. Die gelben Sonnen auf dem dunklen Panzer leuchten bei jüngeren Tieren sogar noch mehr als bei unseren Halbstarken hier. Dafür wölben sich die einzelnen Platten noch stärker auf, wenn sie weiterwachsen. So kommt das Strahlenmuster auch sehr gut zur Geltung. Außerdem wirken die Höcker auf dem Panzer irgendwie knuffig, finde ich."

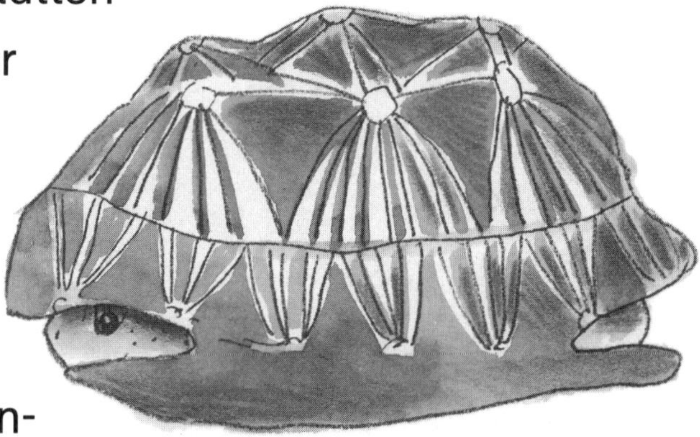

„Ja, das ist urig", kommentiert Lenni.
Endlich hat Maxi Gelegenheit, eine Frage zu klären, die ihn seit Tagen quält. „Sind

Schildkröten wirklich Urzeitmonster?“, fragt er.
„Naja“, schmunzelt Frau Roth. „Monster wohl nicht, dazu sind sie zu friedlich. Aber Urzeittiere sind sie auf jeden Fall. Um nicht zu sagen: Urweltwunder. Immerhin sind Schildkröten die ältesten Tiere der Welt – viele Jahrmillionen älter als Dinos, T-Rex und andere Großsaurier.“

„Waaas?“, staunt Maxi. „Molli ist älter als T-Rex?“
Frau Roth verbessert: „Nicht eine einzelne Schildkröte ist so alt, sondern die Tierart. Molli und die anderen Mädels haben zwar gute Chancen, hundert bis zweihundert Jahre alt zu werden. Aber was ist das schon, wenn man sich die lange Geschichte der Schildkröten ansieht? Zusammen mit den Krokodilen sind sie

die einzigen Überlebenden aus der Urzeit. Als vor langer, langer Zeit ein Riesenmeteor auf der Erde einschlug, hat eine gigantische Staubwolke die Sonne vernebelt. Da wurde es ziemlich kühl auf der Erde. Die Saurier haben das nicht vertragen und sind ausgestorben. Aber ihre Zeitgenossen, die damals schon mehr als 100 Millionen Jahre auf dem Buckel hatten, die Schildkröten, haben überlebt. Weil sie sich angepasst haben. Deshalb gibt es auch so viele verschiedene Arten von ihnen."

Sie führt die Besucher in ein Nebengebäude. Hier sind große Aquarien aufgebaut. An jeder Scheibe zeigt eine Weltkarte, von wo der jeweilige Bewohner kommt. Kleine Tafeln verraten mehr über die drolligen Gesellen.

„Guck mal, Maxi: eine Dickkopfschildkröte!“, ruft Sina als Erste. „Die ist bestimmt mit dir verwandt.“

Alle lachen. Frau Roth verweist auf den schnabelartigen Haken an der Oberlippe des Tieres: „Seht ihr den Enterhaken? Den braucht die Dickkopfschildkröte zum Klettern unter Wasser. Sie hakt sich wie ein Pirat an Planken und Ästen fest.“

Maxi reagiert nicht. Sogar das Stichwort „Pirat“ lässt ihn kalt. Er hat etwas anderes

entdeckt. „Eine Schlangenhalsschildkröte!“, jubelt er. „Seht euch das an – die hat sogar Schwimmhäute zwischen den Zehen.“

„Igittigitt, die Weichschildkröte sieht ja fies aus“, gruselt sich indessen Kira.

„Wie der spitz zulaufende Kopf aussieht, wäre mir egal“, gibt Frau Roth zu bedenken.

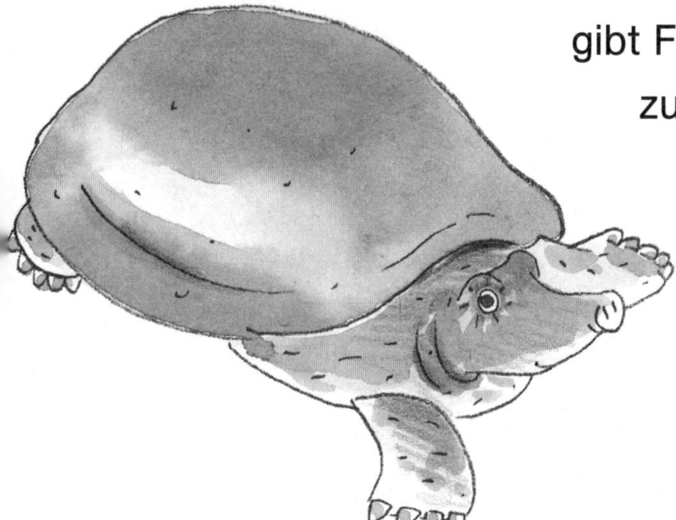

„Aber ich würde mich trotzdem von ihr fernhalten. Ihr Panzer ist kaum fester als eine Lederjacke. Deshalb muss sich die Weichschildkröte anders helfen: Sie kann empfindlich zubeißen. Ein Finger ist da ganz schnell ab. Zum Glück lebt sie in Afrika und Amerika. So einem 60-Zentimeter-Brummi möchte ich beim Schwimmen im See ehrlich gesagt lieber nicht begegnen."

Maxi nickt. Langsam, aber mit Nachdruck. „Sag ich doch: Urzeit*monster*", urteilt er mit angenehmem Gruseln.

Prima Klima im Glaspalast

„Unsinn“, sagt Frau Roth mit Nachdruck. „Wasserschildkröten beißen nur aus zwei Gründen: um sich zu verteidigen und zu schützen – oder um sich zu ernähren. Im Wasser ist die Auswahl an vegetarischer Kost nun mal nicht so groß wie an Land. Deshalb ernähren sich die meisten Wasserschildkröten von Fleisch. Je mehr Zeit ein Tier an Land verbringt, desto gemischter wird die Nahrung. Sumpfschildkröten zum Beispiel vertilgen etwa gleich viel Gräser, Beeren und Früchte wie Schnecken, Würmer und Käfer. Und Landschildkröten begnügen sich mit pflanzlicher Kost.“

„Gott sein Dank!“, entfährt es Kira. „Emma isst am liebsten Obst. Ein Glück, dass ich ihr keine Würmer geben muss!“ Sie schüttelt sich und verzieht das Gesicht.

„Mit Früchten musst du vorsichtig sein“, warnt Frau Roth. „Auch für Schildkröten ist allzu viel Süßes ungesund. Sie haben zwar keine Zähne, die der Zucker angreifen könnte, aber die Fruchtsüße kann ihnen trotzdem schaden. Sie beginnt in ihrem Bauch zu gären. Das gibt schlimme Magen-Darm-Probleme. Also: Lass dich nicht von Emma einwickeln, sondern achte darauf, dass sie sich gesund ernährt. Dazu gehören nun mal auch Dinge, die sie nicht ganz so gerne mag.“

„Spinat?“, fragt Kira voller Mitleid.
„Nicht unbedingt“, lacht die Expertin.

„Aber Löwenzahn und Gänseblümchen, Karotten, Kohlrabi und Salat. Probier ein bisschen herum – Hauptsache, das Grünzeug ist nicht gespritzt. Ach ja – und vergiss das Wasser nicht! Täglich frisch, dann haben Krankheitserreger und Schmutz keine Chance."

Diesmal lacht Kira. „Von wegen: Schmutz hat keine Chance! Sehen Sie mal!"
Sie zeigt auf eine der drei Schildkrötdamen mit dem schönen Strahlenmuster.

Ganz bedächtig klettert diese auf eine Steinplatte neben ihrem Trinknapf. Von dort aus streckt sie erst den einen Fuß ins kühle Nass, dann folgt der zweite. In aller Ruhe steigt Tula-Molli-Malula in ihren Trinknapf und nimmt darin ein Fußbad. Obwohl das Wasser ihr nur bis zum Ansatz des Rückenpanzers reicht, reckt sie den Hals steil nach oben und blinzelt in die Sonne. „So eine Sauerei!", empört sich Maxi. „Ich bade doch auch nicht in meinem Kakao!"

„Deswegen muss der Napf ja jeden Tag geputzt werden", grinst Tilly Tierlieb. „Wie gesagt: Gib Krankheiten keine Chance!" Frau Roth schmunzelt. „Typisch Malula", sagt sie. „Die alte Genießerin … Wenn es warm ist, erfrischt sie sich gerne. Doch sogar dabei lässt sie sich von der Sonne an der Nase kitzeln."

„Sonnenkitzel ist ein gutes Stichwort“, bringt sich die Tierärztin in Erinnerung. „Können Sie den Kindern zeigen, was alles zu einem Wohlfühlterrarium gehört?“ Frau Roth nickt und führt die Gruppe zu einem Holzhäuschen mit Schaufenster. Dahinter ist eine abwechslungsreiche Landschaft aufgebaut. Knorrige Äste, die zum Teil sogar Höhlen bilden, Kiesflächen, Sandstreifen, Rindenstreu und größere Felsblöcke wechseln sich ab.

„Verstecke und Klettergelegenheiten sind das eine“, erläutert die Reptilienexpertin. „Hier haben sie auch bei schlechtem Wetter Spaß. Zum andern sind unterschiedliche Böden gut für ihre Gesundheit. Im weichen Untergrund graben sie gerne und beim Felsenklettern nutzen sie ihre Krallen ab. Das erspart das Nägelschneiden. Immer nur Buddelsand ist auch nicht das Wahre.“

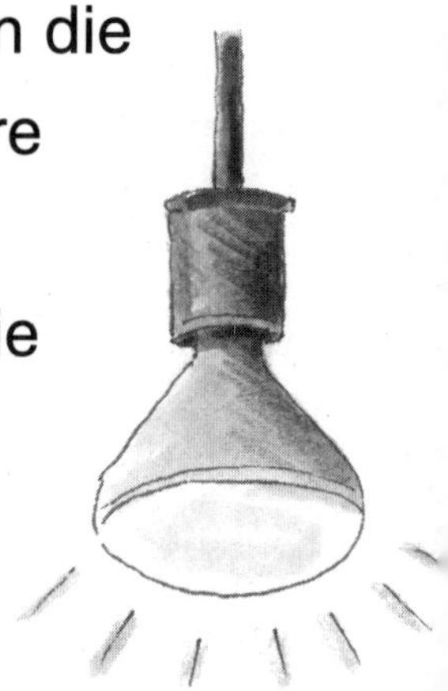

Kira sieht Maxi an. Der guckt in die Luft. Dabei entdeckt er mehrere kleine Lampen. Sie hängen an einem Draht, der quer durch die Schildkrötenvilla gespannt ist. „Was ist denn das?“, fragt er eilig. „Soll das ein Solarium sein – oder eine Lichterkette?“ „Es hat etwas von beidem“, erklärt Frau Roth. „Die Spotlampen schaffen Ersatz

fürs Sonnenbad. Wenn wir den Spot auf eine Steinplatte richten, wird es dort bullig warm. An trüben Tagen sind solche Plätze sehr beliebt. Trotzdem muss natürlich das ganze Terrarium beheizt werden, wenn es draußen kühl ist, denn Schildkröten brauchen angenehme Zimmertemperatur. Zum Glück bekommen sie durch die große Scheibe jede Menge Tageslicht ab, sonst bräuchten wir zusätzliche Lichtquellen.

Die Glühbirnen schalten wir nur ein, wenn es tagsüber außergewöhnlich finster ist. Leider kühlen Glasflächen ziemlich aus. Wir beheben das durch einen Warmluftstrom, der die Scheibe von innen wärmt – ohne Zugluft zu verursachen."

Zu Kira sagt sie: „Stell dein Terrarium bitte nie ans Fenster. Tageslicht tut deiner Emma zwar gut. Aber die Kaltluft, die von der Fensterscheibe abfällt und das Terrarium auskühlt, ist dafür umso schlimmer. Irgendwo muss man immer mit der Technik nachhelfen – entweder bei der Helligkeit oder bei der Temperatur. Schick doch mal deinen Papa her. Wir sagen ihm, was er im Baumarkt besorgen muss, um Emmas Glaspalast auszustatten. Damit es dort nicht nur schön ist, sondern muckelig warm."

Laufend Ärger mit Emma

Schon am Montag statten Tilly Tierlieb und ihr Team Emma den nächsten Besuch ab. Das Terrarium sieht jetzt aus wie die Miniaturausgabe eines Reptilienzoos. Höhlen und Hänge, Felskanten, Steinplatten und Sandplätze wechseln sich ab mit knorrigen Ästen, Yukkapalmen und kleinen Grünpflanzen. Mittendrin liegt eine Platte aus gebranntem Ton. Eine Glühbirne taucht sie in helles Licht.

„Wow!“, ruft Maxi. „Die Sonne scheint auf Schildkrötland!“
Seine Schwester wirft ihm einen zweifelnden Blick zu. Dann wendet sie sich an Kira und fragt: „Hat dein Papa dir geholfen?“

Kira nickt eifrig. „Die Lampe hat er alleine aufgehängt. Aber die Landschaft haben wir zusammen gebaut."
„Super!", loben Tillys Junior-Assistenten.
Nur die Tierärztin schweigt.
Doch Kira kann mit dem Lob wenig anfangen. „Ich weiß nicht", beginnt sie stockend. Dann zeigt sie auf Emma. Rastlos läuft die Schildkröte an der Scheibe entlang. Von einer Ecke in die andere. Von links nach rechts und wieder zurück.

„He du", sagt Maxi und klopft an die Scheibe. „Schon gemerkt? Du hast jetzt eine Sonneninsel. Also mach gefälligst keinen Stress! Entspann dich!"
Die Tierärztin greift nach seiner Hand und zieht sie wortlos von der Scheibe weg. Von Kira will sie wissen: „Wie lange geht das schon so?"

„Seit wir das Terrarium beheizen“, jammert das Mädchen. „Direkt von Anfang an.“

„A-ha“, sagt die Tierärztin. Ohne weitere Erläuterungen zieht sie ein Thermometer aus ihrer Tasche. Ganz links im Terrarium

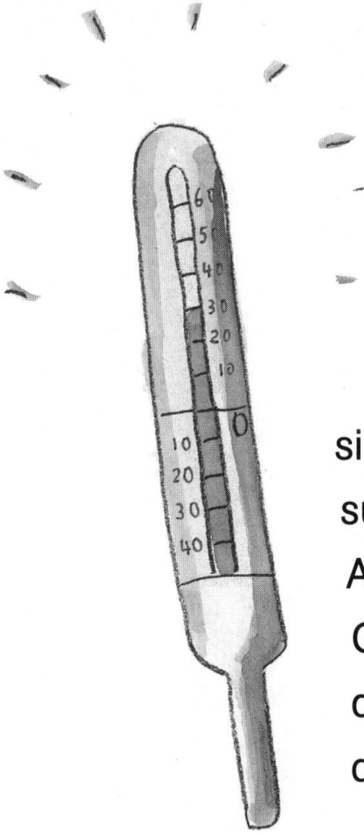

steckt sie es in den Boden. Dann liest sie laut die Temperatur ab: „30 Grad“. Jetzt prüft sie die Temperatur in der Mitte des Terrariums. „30 Grad“, sagt sie wieder. Schließlich untersucht sie den rechten Teil der Anlage.

Gebannt beobachten die Kinder, wie sie das Thermometer aus dem Boden zieht.

„30 Grad“, lesen sie im Chor und sehen Tilly fragend an. Die Tierärztin antwortet: „Überall gleich warm. Das erklärt Emmas Unruhe. Sie sucht ein kühles Plätzchen.“

Sie erinnert die Kinder daran, dass Schildkröten die Wärme lieben. „Aber der genaue

Wärmebedarf wechselt – je nachdem, wie spät es ist und was die Schildkröte gerade macht. Mittags legt sie sich schon mal auf ein sonniges Fleckchen mit 36 Grad Bodentemperatur. Zum Fressen oder beim Herumspazieren sind ihr aber 20 bis 25 Grad lieber. Und zum Schlafen genügen 18 Grad. Am liebsten hat sie freie Auswahl."

„Das geht aber nicht", widerspricht Kira. „Die Lampe heizt das ganze Terrarium." Die Tierärztin nickt. „Wenn sie in der Mitte hängt und der Bodenbelag eher dünn ist, lässt sich das kaum vermeiden. Trotzdem kann man die Temperatur abstufen. Links füllt man eine Bodenschicht ein, die ein kleines bisschen feucht sein darf. Daneben schüttet man etwas mehr Boden auf und wärmt ihn von unten mit einer

Heizmatte. Und im letzten Drittel wird die Bodenheizung durch einen Spotstrahler ergänzt. So wird es in dieser Ecke noch wärmer als in der Mitte. Emma wird die Abwechslung lieben. So kann sie endlich zur Ruhe kommen und der Ärger hat ein Ende."

In diesem Moment bleibt Emma stehen. Direkt neben einem kleinen Sandhügel streckt sie ihren Hals hervor und reißt das Maul auf.
„Was wird das denn?", will Maxi wissen. Noch ehe Kira antworten kann, sehen sie es selbst: Emma beugt sich ein wenig vor und …
„Sie hat Sand gefressen! Würg!" „Soll das gesund sein?" „Das macht doch Bauchweh!" Wild rufen die Kinder durcheinander.

Wird jetzt alles gut?

Tilly Tierlieb macht ein nachdenkliches Gesicht. „Natürlich wird es gefährlich, wenn sie große Mengen Sand schluckt", bestätigt sie. „Davon bekommt sie Verstopfungen, an denen sie sogar sterben kann. Aber Tiere fressen Sand oder Kies nur, um einer Krankheit vorzubeugen. Wenn ihre Nahrung zu wenig Mineralstoffe enthält, versuchen sie das auszugleichen. Sonst werden sie anfällig für Infektionen. Auch ihre Knochen wachsen dann nicht richtig oder die Hornplatten ihres Panzers lösen sich ab. Genau das will Emma verhindern – leider auf die falsche Art. Sie braucht eine gesunde, ausgewogene Ernährung."

„Weiß ich doch!“, sagt Kira. „Löwenzahn, Klee oder Brennnessel, Gras und Heu, Salat und Gemüse. Brokkoli, Karotten, Sellerie – oder die Blätter davon. Beeren oder Früchte, nicht zu viel Süßes“, rattert sie herunter, als hätte sie es auswendig gelernt.
„Bravo“, lobt die Tierärztin. „Dafür bekommst du eine Eins mit Stern. Wenn dann auch noch die Portionsgröße stimmt, gibt es sogar zwei Sternchen. Emma soll bei jeder Mahlzeit etwa viermal so viel Salat oder Wiesenkräuter fressen wie Obst und Gemüse. Zweimal am Tag frisch serviert, dazu sauberes Wasser – fertig ist Emmas Gesundheitskost. Oder zumindest fast fertig. Damit ihre Spezialdiät eine echte Drei-Sterne-Küche wird, steuere ich auch noch etwas bei.“

Sie zieht ein Röhrchen aus ihrer Tasche und gibt es Kira mit den Worten: „Das ist Vitaminpulver. Ich verschreibe Emma eine große Packung davon. Mische zweimal pro Woche eine Prise in ihr Lieblingsfutter. Aber nicht übertreiben, bitte! Eine Überdosis Vitamine kann Schildkröten vergiften. Gib ihr lieber noch eine andere Nahrungsergänzung, die du selbst zubereiten kannst.“

Wieder greift sie in ihre Doktortasche und fördert daraus die nächste Überraschung zutage: Mörser und Stößel. „Vielleicht kennst du das aus eurer Küche“, sagt sie.

„Viele Köche zerkleinern damit feine Kräuter. Apotheker mahlen damit die Zutaten für Medikamente, die sie passgenau zusammenstellen. Du kannst damit ein Kalziumpräparat für Emma machen. Zerstampfe einfach leere, gut gewaschene Eierschalen im Mörser. Das Pulver enthält puren Kalk. Mische zweimal pro Woche einen halben Teelöffel davon in Emmas Salat. Du wirst sehen: Dein Kalkpulver wird die Krönung des Ganzen.“

An ihren Fingern zählt die Tierärztin ab, was Kira schon alles für ihr neues Haustier getan hat. Zuerst reckt sie den Daumen hoch.
„Du hast Emma eine wundervolle Villa gebaut – mit Erlebnispark. Zweitens: Sie hat dort ein prima Klima. Drittens: Ihre Ernährung wird perfektioniert. Viertens: Sie bekommt genau die Vitamine, die sie braucht. Und jetzt versorgst du sie auch noch mit lebenswichtigem Kalk."
Triumphierend hält Tilly die Hand mit fünf ausgestreckten Fingern hoch.
„Na komm", ermuntert sie Kira. „Schlag ein!"
Das Mädchen macht, was die Tierärztin sagt. So ganz überzeugt wirkt Kira allerdings noch nicht. „Wird jetzt endlich alles gut?", fragt sie besorgt.

Tilly bekräftigt: „Schöner, besser und gesünder kann eine Schildkröte nur im Freien wohnen. Allerdings nur in den wärmsten Wochen des Jahres. Für die Freianlage auf Balkonien ist es jetzt aber zu spät. Der Sommer hat bereits angefangen und im Herbst kommt schon die nächste Aktion: Wir müssen Emma auf die Winterruhe vorbereiten. Jetzt lassen wir erst mal Ruhe einkehren. Emma hat auch ohne Freianlage die besten Voraussetzungen für einen super Sommer. Ich denke, sie wird gesund und glücklich – ob sie will oder nicht."

Mit einem Augenzwinkern verabschiedet sich die Tierärztin von Kira. Beim Hinausgehen flüstert Maxi seiner neuen Freundin zu: „Denk dran: Tilly macht die Tiere glücklich!"

Hilfe, bissige Schildkröte!

Kira sieht gar nicht glücklich aus, als sie Maxi zwei Wochen später im Pausenhof anspricht. Der Junge erschrickt. „Was ist denn los?“, fragt er. „Ärger mit Emma?“
Kira schnieft. „Ehrlich, Maxi – ich traue mich gar nicht, die Tierärztin anzurufen. Sie hat doch gesagt, wenn ich alles richtig mache, kriegt Emma einen super Sommer. Es ging ihr auch gut – aber nur bis gestern. Seit dem Abend tigert sie durch ihr Terrarium und findet keine Ruhe. Was soll ich nur tun?“
„Erstmal ist es gut, dass du zu mir gekommen bist“, freut sich Max. „Wenn du alles so gemacht hast wie besprochen, kann ich dir alleine helfen.“

Zweifelnd sieht Kira ihn an. Doch Maxi winkt seinen Kumpel Lenni heran. Gut gelaunt verkündet er: „Maxidoc und Partner sind gefragt! Emma geht es gut, aber sie scheint sich zu langweilen. Was bedeutet das? Naaa?“

Lennis Antwort kommt prompt: „Das bedeutet, dass wir Tilly Tierlieb anrufen.“ Maxi widerspricht. „Denk doch mal nach, Mann! Hops war krank vor Einsamkeit, ehe er Schnuffi kannte. Jetzt leistet Wuschel ihm Gesellschaft. Der ist zwar ein Meerschweinchen, aber alleine wäre er genauso traurig wie dein Zwergkaninchen. Wir haben es bei Ponys gesehen, bei Wellensittichen und bei Rennmäusen: Kein Tier will alleine leben. Warum sollte das bei Schildkröten anders sein?“

Kira ist beeindruckt, wie viele Patienten Maxidoc behandelt hat und wie gut er sich auskennt. Maxi redet auf sie ein: „Emma hat alles, was sie braucht – das hat Tilly selbst gesagt. Also ist Emma gar nicht krank, sondern frustriert. Oder gelangweilt. Ich würde sie einmal mit einer anderen Schildkröte zusammensetzen. Wenn wir ein Weibchen nehmen, kann nichts passieren. Aggressiv sind nur die Männchen.“

„O. k.“, sagt Kira. „Meinetwegen. Aber wo sollen wir die Schildkröte hernehmen?“
„Kein Problem“, prahlt Maxi. „Ich kümmere mich darum. Heute Mittag bei dir zu Hause?“
Kira nickt. Lenni zögert, aber für Maxidoc ist der Hausbesuch damit abgemacht.

Tatsächlich taucht er kurz nach ein Uhr vor Kiras Wohnung auf. Lenni hat er im Schlepptau und einen Schuhkarton in der Hand.

„Das ist Gunillas Reisekäfig", erklärt er.

„Ich habe Luftlöcher gebohrt und Heu hineingelegt. So hat sie es warm, trocken – und der Reiseproviant ist auch dabei."

Kira staunt. „Gunilla? Wo hast du die denn her?"
„Von einem Jungen aus meiner Klasse", lautet die Antwort. „Als ich in der Schule von unserem neuesten Fall erzählt habe, hat er sich gemeldet. Er war richtig froh, dass er so viel Neues über Schildkröten lernen konnte. Leider hat er heute Mittag Fußballtraining, aber seine Mutter hat mir Gunilla mitgegeben. Ich habe ihr einfach gesagt, sie braucht Gesellschaft, sonst wird sie krank."

Kichernd hebt er den Neuankömmling aus dem Transportbehälter. Obwohl Gunilla alle Viere eingezogen hat und kaum aus ihrem Schutzpanzer hervorlugt, setzt er sie ins Terrarium. Gespannt beobachten die Kinder, was passiert.

Erst einmal tut sich gar nichts. Emma streift ziellos durch die Landschaft – immer mit der Nase am Boden. Einmal führt ihre Bahn an Gunilla vorbei. Sie reckt den Kragen in Gunillas Richtung und bleibt stehen. Doch Gunilla rührt sich nicht. Da nimmt Emma ihre Wanderung wieder auf. Endlich streckt Gunilla ein Beinchen nach dem anderen aus und schiebt den Kopf aus dem Panzer.

„Sieht richtig unternehmungslustig aus“, meint Maxi anerkennend.
Erwartungsvoll sagt Kira: „Gleich können sie sich beschnuppern. Hoffentlich freut sich Emma!“

Da überstürzen sich die Ereignisse. Gunilla tappt ein paar Schritte voran, um ihre neue Umgebung zu erkunden. Emma bleibt ganz in der Nähe stocksteif stehen. Sie macht einen langen Hals und hebt den Kopf. Wie versteinert steht sie da. Plötzlich setzt sie sich in Bewegung und marschiert geradewegs auf Gunilla los.

Sie rammt die Neue seitlich mit dem Panzer.
„He, he!“, macht Maxi.
Kira und Lenni sind starr vor Schreck.
Da schnellt Emmas Kopf nach vorne und sie beißt zu. Direkt in Gunillas Vorderbein. Wieder und wieder schnappt sie zu. Die Angegriffene kann ihr Beinchen gar nicht schnell genug in Sicherheit bringen. Erst als Emma kurz von ihr ablässt, kann sie sich in ihrem Panzer verkriechen.

„Oh nein!“, ruft Kira. „Hilfe, Emma beißt!“ Ihr kommen die Tränen. Lenni legt tröstend den Arm um sie. Er ist kreidebleich geworden. Auch Maxi ist bestürzt. Hastig holt er Gunilla aus dem Terrarium. Es dauert lange, bis sie sich so weit entspannt, dass die Kinder ihr Bein begutachten können. Es blutet.

„Au weia“, sagt Maxi und schluckt. „Wir müssen Tilly Tierlieb rufen. Lenni, ich glaube, jetzt kriege ich was zu hören.“

Ach, du dickes Ei!

Wortlos verarztet Tilly Tierlieb die verletzte Gunilla.
„Schade!“, seufzt sie. „Sie kann die Wunden ablecken. Mit Heilsalbe können wir also nicht helfen. Und ein Verband würde sie zu sehr einschränken. Nach dem ganzen Schreck muss sie wenigstens die Chance haben, sich in ihren Panzer zu verkriechen.“ Sie kramt ein Desinfektionsspray heraus und behandelt die frisch gesäuberte Verletzung.

„Jemand muss dem Besitzer das Spray bringen“, sagt sie dann. „Er soll die Wunde morgens und abends mit einem fusselfreien Lappen lauwarm auswischen und desinfizieren. Mit Sand und Erde sollte sie jetzt nicht in Berührung kommen. Dann heilt die Verletzung in ein paar Tagen ab."

Maxi holt tief Luft. Nach kurzem Zögern sprudelt er los: „Ich bin der Jemand! Ich bringe Gunilla zurück und erzähle, was passiert ist. Ich hab' sie schließlich geholt. Ich bin an allem schuld. Ich hätte dich anrufen müssen. Ich hab's vermasselt, ich weiß."
Mit hochrotem Kopf betrachtet er seine Schuhspitzen.

„Ich, ich, ich", wiederholt Tilly kopfschüttelnd. „Du redest nur von dir selbst, Maxi. Aber ich glaube, du hast gemerkt, dass es nicht um dich geht. Weder darum, ob du nun ein großer Tierkenner bist, noch darum, ob du der große Bösewicht bist.

Es geht um etwas ganz anderes – um Vertrauen und Verantwortung. Kira hat dir vertraut, dein Klassenkamerad hat dir vertraut. Sogar seine Mutter hat dir vertraut. Und für zwei Tiere hast du die Verantwortung übernommen, indem du versprochen hast, dich um ihr Wohlergehen zu kümmern. Überleg' mal, was aus alldem geworden ist."

Maxi beißt sich auf die Lippen. Trotzig stößt er hervor: „Das muss ich mir nicht überlegen – das sehe ich. Na los: schimpf' mich aus und fertig!"

Die Tierärztin bleibt ruhig: „Nein, Maxi“, verbessert sie. „Darum geht es auch nicht. Das ist keine Sache zwischen uns. Du musst das mit dir selbst ausmachen. Und du kannst dich bei allen entschuldigen, denen dein Verhalten geschadet hat.“

Maxi brummt. Dann trollt er sich zu Kira und streckt ihr die Hand hin. „Sorry, Mann“, nuschelt er. Tilly sieht nicht sehr überzeugt aus. Aber Kira ergreift Maxis Hand und sagt: „Ist o. k. Hauptsache, Gunilla wird gesund – und Emma kriegt sich wieder ein.“

In diesem Moment klingelt es an der Haustür. Kira öffnet und kommt mit Sina zurück. „Was machst du denn hier?“, faucht Maxi seine große Schwester an.

Tilly Tierlieb beantwortet seine Frage. „Ganz einfach“, erklärt sie. „Ich habe ihr einen Zettel hinterlassen und sie gebeten nachzukommen.“
„Wieso das denn?“, schnaubt Maxi.
Jetzt antwortet Sina. Sie klingt tief verletzt. „Hallo? Heute ist Mittwoch, Max. Schon vergessen? Unser Tilly-Tierlieb-Tag! Als ich bei der Tierpraxis ankam, war Tilly schon weg. Und ihr wart anscheinend gar nicht da.“
Maxi ringt um Fassung. „Sch...eibenhonig!“, brüllt er verzweifelt. „Sogar das habe ich vergessen! Was bin ich für ein Vollidiot!“ Bekümmert blickt er Sina an – und fängt schließlich an zu weinen.

„Maxi“, sagt Tilly Tierlieb nach einer Weile. „Wir alle machen Fehler. Das ist kein Drama. Man muss sie nur einsehen und aus

ihnen lernen. Sonst wäre es schlimm."
Maxi schnieft. „Aber ich bin so doof!", presst er hervor. Jetzt müssen alle lachen.
„Stimmt", bestätigt Sina aus tiefstem Herzen. „Aber ich mag dich trotzdem."
Lenni knufft seinen Freund in die Seite. „Alter, und ich war doof genug, mich von dir einwickeln zu lassen. Da wären wir schon zwei Idioten."
Kira grübelt: „Na, sooo doof finde ich dich gar nicht."

Zu guter Letzt hat auch Tilly Tierlieb noch einen Trost parat: „Wisst ihr, was ich glaube? Emma verteidigt ihr Revier und sucht einen Platz zur Eiablage."
„Bitte was?", ruft Sina. „Wie bitte?", kreischt Kira. „Wow!", macht Lenni – und Maxi schreit, noch unter Tränen: „Ach, du dickes Ei!"

Emma Emsig und der Babybrüter

„Das ist wirklich ein ziemlicher Klops“, schmunzelt die Tierärztin. „Weil Emma alleine lebt, wäre ich beinahe nicht darauf gekommen. Aber es passt alles zusammen: der erhöhte Mineralienbedarf – sie braucht Kalk, um die Eier bilden zu können. Das rastlose Laufen trotz idealer Temperaturverhältnisse. Das Schnuppern im Sand. Und dann noch die außergewöhnliche Angriffslust gegenüber einem anderen Weibchen.“
Sie überlegt: „Es bleibt nur eine einzige Schlussfolgerung: Emma ist in Legenot.“

„Was ist sie? In Seenot?“, fragt Lenni. Vor Aufregung hat er nicht richtig verstanden.

Im Gegensatz zu Maxi. Doch auch der traut seinen Ohren kaum. „Sie ist doch kein Huhn!“, ruft er.
Kira denkt schon viel weiter. „Kriegen wir jetzt Schildkröten-Babys?“, fragt sie.
„Ich weiß nicht recht“, antwortet Sina.
„Wie soll das gehen ohne Mann?“
Die anderen drei starren sie an.
„Gute Frage!“, murmelt Maxi verblüfft.

„Tja“, sagt Tilly Tierlieb. „Zu den vielen wunderbaren Dingen, die eine Schildkröte auszeichnen, gehört auch ihre Vermehrung: Sie legen Eier. Dazu buddeln die Weibchen mit ihren Hinterbeinen eine tiefe Kuhle in den warmen Sand. Sie lassen die Eier hineinplumpsen, scharren Sand darüber und gehen – oder schwimmen – ihrer Wege. Egal, ob meterlange Meerschildkröte oder handtellergroße Landschildkröte – das Brüten erledigen sie nicht selbst, sondern überlassen es der Sonne.

Wenn die Kleinen schlüpfen, stürzen sie sich direkt ins Meer oder ins nächste Gebüsch und müssen zusehen, wie sie alleine zurechtkommen."

„Jaja", drängt Sina. „Aber woher kommen die Babys? Wie geht das ohne Mann?"

„Gar nicht!“, lacht die Tierärztin. „Die zweite wundersame Sache bei den Schildkröten ist, dass Weibchen, denen es rundum gut geht, manchmal auch ohne Männchen Eier bilden. Allerdings sind die Eier nicht befruchtet und deshalb entstehen daraus keine Jungen. Aber sie müssen raus, sonst beginnen die Eier zu drücken. Das Weibchen scharrt mit den Hinterbeinen, ist aufgekratzt und doch irgendwie schlapp.“

„Genau wie Emma“, bestätigt Kira.
Tilly mahnt: „Dann sollten wir ihr ganz schnell einen Platz anbieten, an dem sie ihre Eier loswerden kann. Wir brauchen warmen Sand und ein großes Gefäß.“
Kira macht ein Gesicht wie der Weihnachtsmann persönlich. „Kommt mal mit“, sagt sie und führt ihre Freunde auf den Balkon. Dort liegt eine große Holzkiste.

„Mein Papa hat nachgelesen, wie Emma überwintert und schon mal angefangen, ihr eine Schlafkiste zu bauen“, verkündet Kira voller Stolz. „Können wir den Sand nicht hier hineinschütten und dann mit einem Strahler erwärmen?“

Kiras Vorschlag wird angenommen und in die Tat umgesetzt. Vor allem Emma schreitet zur Tat: Kaum sitzt sie in dem wohlig warmen Sandhaufen, beginnt sie, emsig mit den Hinterbeinen zu scharren.

Immer tiefer rutscht sie in den Dünenberg hinein. Als sie nur noch mit dem Kopf herausschaut, beginnt sie zu ächzen.
Etwa zwanzig Minuten später wühlt Emma sich wieder heraus und hinterlässt eine kaum sichtbare Kratzspur im Sand. Vorsichtig setzt Tilly Tierlieb sie zurück ins Terrarium. Dort reicht sie ihr einen etwas lädiertes Löwenzahnblatt, das sie aus ihrer Hosentasche zieht. „Hab' ich noch schnell eingesteckt", flüstert sie. „Einfach als Mitbringsel – aber ich hatte schon so eine Ahnung, dass du dir demnächst eine Leckerei verdienen würdest."

Vorsichtig gräbt Tilly das Gelege in der Sandkiste aus. Vier Eier von zwei bis drei Zentimetern Länge liegen darin.
„Das glaub' ich gern, dass die Dinger sie gedrückt haben", flüstert Maxi.

Die Tierärztin hört gar nicht hin. Stattdessen hält sie die Eier prüfend vor eine kleine Taschenlampe.
„Ach, du dickes Ei!“, entfährt es ihr nun selbst und sie muss sich setzen.

„Was ist los?“, wollen die Kinder wissen. „Ist es schlimm?“
„Wie man’s nimmt“, antwortet die Tierärztin. „Hier kommt die nächste Überraschung: Emmas Eier sind befruchtet!“
„Aber sie hat doch gar keinen Mann“, wundert sich Kira.
Tilly fragt: „Seit wann hast du sie? Wo war sie vorher? Gab es dort ein Männchen oder wurde sie einzeln gehalten?“
Kira beantwortet die letzte Frage zuerst: „Meine Reitlehrerin hat Emma vor ungefähr eineinhalb Jahren gekauft. Seitdem hat sie keine andere Schildkröte mehr

gesehen – bis vorhin. Aber auf Gunilla war sie wohl nicht gut zu sprechen."
„Kein Wunder – bei der Legenot", meint die Tierärztin. „Wenn sie gerade verzweifelt nach einem Platz zur Eiablage sucht, kann eine weibliche Schildkröte keine Konkurrenz gebrauchen. Die wird gnadenlos weggebissen."

Tilly denkt nach. Ungläubig schüttelt sie den Kopf. Laut sagt sie: „Kein Zweifel: Emma zeigt uns heute auch das dritte Schildkrötenwunder. Ich kenne es selbst nur aus Büchern, so selten kommt es vor. Aber es gibt Schildkrötenweibchen, die nach einer Paarung den Samen des Männchens jahrelang speichern. Erst wenn sie sich rundum wohl und gesund fühlt, bilden sich Eier aus – befruchtete Eier! Eine Schildkröte, die man neu kauft

und einzeln hält, kann also ein, zwei oder sogar drei Jahre danach lebensfähige Eier legen. Unter optimalen Bedingungen wachsen in den Eiern Baby-Schildkröten, die nach zwei bis drei Monaten schlüpfen."
Kira ist sprachlos. Doch sie muss gar nichts sagen – nur einen Eimer holen. Danach hat Tilly Tierlieb nämlich dringend gefragt. Sobald er dasteht, füllt die Tierärztin ihn mit warmem Sand, vergräbt die Eier darin und deckt das Ganze mit einem Schnellhefter ab.
„So", sagt sie dann vergnügt. „Eiertransporter fertig. Den bringe ich jetzt zum Reptilienzoo Roth und lasse die Eier ausbrüten. Die Roths haben nämlich eine professionelle Brutanlage. Mit etwas Glück sehen wir in zwei, drei Monaten Emmas Babys schlüpfen."

Mit großen Augen sehen die Kinder sie an. Andächtige Stille liegt im Raum. Nur Maxi kräht dazwischen. „Worauf wartest du noch?“, ruft er. „Die Eier sollen doch nicht auskühlen. Auf geht’s zum Baby-Brüter!“

Zwei Monate später …

„Omannomannomann“, schnattert Maxi und springt von einem Bein aufs andere. Er sieht seine Freunde an. Kiras Augen leuchten. Doch anscheinend hat es ihr die Sprache verschlagen. Sie beißt sich auf die Lippen und gibt kleine glucksende Geräusche von sich. Dazu zappelt sie hin und her. Auch Sina und Lenni sind ganz hippelig.

„Omannomann“, wiederholt Maxi. „Gleich ist es so weit! Ein Glück, dass Frau Roth Tilly angerufen hat und dass Tilly uns angerufen hat und dass wir jetzt endlich hier sind!“

Vor dem Reptilienzoo holen die Kinder noch einmal tief Luft. Während Tilly Tierlieb durch das Drehkreuz ins Innere geht, bleiben sie kurz stehen und nicken sich zu. Sina fasst nach Lennis Hand. Max nimmt die von Kira. Die Mädchen reichen sich gegenseitig die Hand, die Jungs schließen den Kreis. „Toi, toi, toi", rufen die vier und stecken die Köpfe zusammen. „Tilly-Tierlieb-Team ahoi!"

Die Tierärztin dreht sich um und lächelt. „Ist das euer neuer Schlachtruf?“, fragt sie. Kira antwortet als Erste. „Das ist unser Kraftspruch. Er bedeutet, dass wir zusammenhalten und den Tieren helfen wollen.“ „Na, dann habe ich jetzt wohl vier Junior-Assistenten“, schmunzelt die Tierärztin und stößt die Tür zur Reptilienbabystube auf. „Umso besser – mal sehen, wie es um eure vier Schützlinge steht.“

Frau Roth kommt ihnen schon entgegen. „Seit gestern ist Bewegung in Emmas Eier gekommen“, berichtet sie. „Meiner Erfahrung nach dürfte mindestens einem der Kleinen demnächst der Durchbruch gelingen. Bei den anderen kann es dann auch nicht mehr lange dauern.“

Zusammen mit den Kindern tritt sie an die Brutkammer heran. Kira und Sina drängen sich in die erste Reihe. Interessiert reckt Lenni den Kopf. Nur Maxi runzelt die Stirn. „Was ist das denn?“, fragt er enttäuscht. „Ein durchsichtiger Plastikkoffer mit Drähten im Deckel? Und darin nur Pausebrotboxen voll Sand?“

„Nicht ganz“, grinst Frau Roth. „Das ist ein raffiniertes System, das mit einfachen Mitteln ideales Brutklima erzeugt! Feuchtwarmer Sand, Heizspirale im Deckel – da ergibt sich die hohe Luftfeuchtigkeit von selbst. Bessere Bedingungen kann ein Reptilien-Ei nicht finden. Egal, ob es sich um die Eier von Strahlenschildkröten, Waldbachschildkröten oder Leguanen handelt.“

Nacheinander zeigt sie auf die unterschiedlichen, mit Sand gefüllten Plastikdosen, die in der Brutkammer stehen. Alle sind offen und lassen so ihre Füllung erkennen: Sand mit halb bedeckten Eiern.

„Oder …“, Frau Roth macht eine Spannungspause, „ob das nun die Eier einer Landschildkröte namens Emma sind.“ Damit deutet sie auf die letzte Box, die in der Brutkammer steht. Das wäre aber gar nicht nötig gewesen. Längst haben sich die vier Tierfreunde genau dieser Box zugewandt. In den darin liegenden Eiern rumort es. Besonders eines schaukelt ruckartig hin und her.

Gebannt verfolgen die Tierärztin und ihr Team, was nun passiert: Ein haarfeiner Riss bildet sich an der Seite des Eis. Er wird breiter und verzweigt sich. Rasch bildet sich auf der Schale ein gezackter Rahmen.

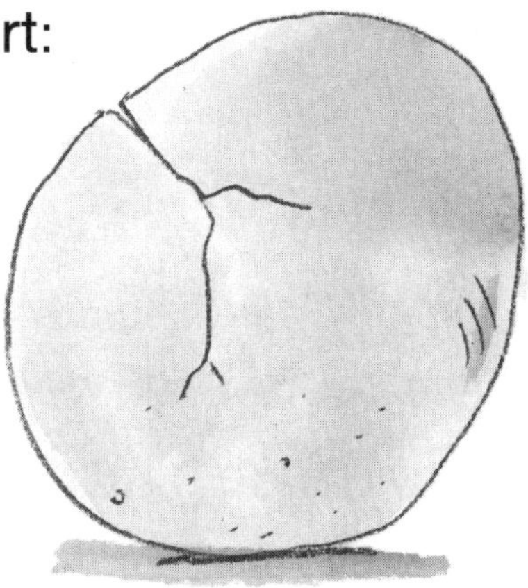

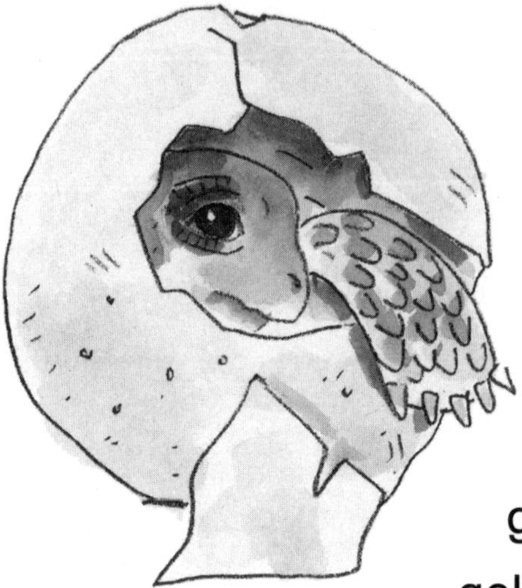

Schließlich platzt das Stück regelrecht heraus. Aus dem so entstandenen Loch schiebt sich ein schuppiges Ärmchen mit vier gelbgrauen Krallen.

„Sie winkt“, flüstert Kira. Da erscheint dicht neben dem fuchtelnden Ärmchen ein rundlicher Kopf mit schwarz blitzenden Augen.
„Sie guckt uns an“, sagt Sina entzückt.
In diesem Moment durchfährt ein heftiger Ruck das zu eng gewordene Babyhaus. Risse laufen von dem unbequemen Guckfenster nach hinten und rund um die ganze Oberfläche. Für einen Moment liegt das Ei still da.

„Sie muss Kräfte sammeln“, erklärt Max seinem Kumpel. Doch Lenni legt den Finger auf seine Lippen. In diesem Augenblick hören es alle: Mit leisem Knacksen reißt die Schale rundum auf.

Aus der am Boden liegenden Hälfte erhebt sich eine Minischildkröte. So hoch stemmt sie sich gegen die Decke ihrer vorherigen Behausung, dass ihr buttergelber Bauch sichtbar wird. Der Rücken dagegen ist von der oberen Hälfte der Eischale bedeckt.

„Sollen wir ihr helfen?“, fragt Kira, doch Frau Roth winkt ab. „Sie schafft das“, bekräftigt sie. Tatsächlich: Das Schildkrötenbaby unternimmt eine weitere Anstrengung und schüttelt die klebrige, weiße Hülle ab. Jetzt kommt das Muster ihres Panzers zum Vorschein: Buttergelb und Schokobraun schimmert es wie frisch gewachst.

„Wie schön sie ist!“, seufzt Kira.
„Wie aus dem Ei gepellt“, meint Maxi.
Alle starren ihn an. „Mensch Max, das ist sie wirklich!“, staunt Lenni.

Da beginnen die anderen zu lachen. Erst die Erwachsenen, dann die beiden Mädchen. Bald lachen alle von Herzen – und Maxi lacht am lautesten.

Tipp vom Tierarzt

1. Soll ich mir eine Schildkröte kaufen?

Schildkröten gelten als etwas Besonderes – schon seit Tausenden von Jahren. In Griechenland haben früher Wahrsager die Zukunft aus ihrem Panzer gelesen. Je nachdem, welches Muster sie dort sahen, erwarteten sie Glück oder Pech. Auch für die Indianer waren Schildkröten wichtig. Ihr Verhalten nahmen sie als Hinweis bei schwierigen Entscheidungen. Nach ihrer Meinung beschützte die Schildkröte den, der nach ihr benannt war. Und solche Namen bekamen nur Menschen, die genauso waren wie die Schildkröte selbst: klug und freundlich. Diese Eigenschaften sind zwei gute Gründe, sich für eine Schildkröte als Haustier zu entscheiden. Aber es gibt noch mehr – zum Beispiel ihre Langlebigkeit. Wenn sie bekommen, was sie brauchen, werden sie auch in Terrarien fast so alt wie ein Mensch. Ein gut gepflegtes Tier begleitet seinen Besitzer sein Leben lang.

Schildkröten merken schnell, wer sich um sie kümmert. Diese Person erkennen sie sofort. Wenn sie sich nähert, kommt die Schildkröte ihr vertrauensvoll entgegen. Viele Tiere hören sogar auf ihren Namen – vor allem dann, wenn er viele tiefe Töne enthält. Die können sie nämlich besser hören als helle. „Gundula“, „Caruso“, „Hugo“ oder „Rambo“ sind also bessere Schildkrötennamen als „Pippi“, „Evelyn“ und „Didi“.

Schildkröten sind jedoch keine Kuscheltiere. Schmuse-Einheiten brauchen sie nicht. Auch in der Natur treffen sich die Einzelgänger nur zur Paarung. Nach wenigen Tagen hört die Eintracht jedoch auf und sie gehen wieder getrennte Wege.
Mehrere Tiere zusammen zu halten, ist deshalb sehr schwierig. Man braucht dazu ein riesiges Terrarium, damit sich die Tiere aus dem Weg gehen können. Oder noch besser: eine Freianlage mit mehreren Verstecken. Sogar Pärchen muss man oft an 360 Tagen im Jahr getrennt halten. Nur an den etwa fünf Tagen der Paarungszeit halten sie es miteinander aus.

Schildkröten sind also nicht auf Gesellschaft angewiesen – weder auf die von Artgenossen noch auf die von Menschen. Dennoch musst du dich natürlich um deine Schildkröte kümmern. Viele Schildkröten lassen sich sogar mit einem Finger am Kopf kraulen – solange sie dabei auf eigenen Beinen stehen bleiben. Hochheben und tragen sollte man eine Schildkröte aber nur bei Untersuchungen oder beim Transport.

Wenn ihre Umgebung entsprechend gestaltet ist, können sich Schildkröten sehr gut alleine beschäftigen. Sie folgen dabei aber ihrem eigenen Zeitgefühl.
Einige von ihnen sind zum Beispiel nur in der Dämmerung aktiv. Du wirst kaum etwas davon sehen, wie putzmunter sie am frühen Morgen herumspazieren. Mehr Glück hast du bei griechischen Landschildkröten: Sie sind am frühen Vormittag und am späten Nachmittag besonders lebhaft. Da sie aus einem heißen Land kommen, sind sie es gewöhnt, in der Mittagshitze Siesta zu halten.
Andere Arten verkriechen sich im Sommer sogar wochenlang. Bei der Griechischen Landschildkröte ist es umgekehrt: Sie braucht die Wärme so sehr, dass sie die kältesten Monate des Jahres einfach verschläft. Von November bis März muss sie an einem kühlen Ort, zum Beispiel im Keller, in einer besonders ausgestatteten Kiste in Ruhe gelassen werden.

Winterkiste, Freianlage, Terrarium – eine Schildkröte so zu halten, dass es ihr gut geht, ist nicht ganz einfach. Wenn du dir eine Schildkröte wünschst, solltest du deshalb unbedingt mit deinen Eltern darüber sprechen. Für den Kauf des Tieres reicht dein Taschengeld zwar aus, aber die Unterbringung kann teuer werden. Vor allem ist es aufwändig, sie einzurichten. Die tägliche Pflege macht weniger Arbeit, aber auch sie muss getan werden. Ehe du dir eine Schildkröte anschaffst, musst du klären, wer sie versorgt, wenn du im Urlaub bist oder das Bett hüten musst.

Wenn du noch andere Haustiere hast, musst du sie von deiner Schildkröte fernhalten. Für Hunde und Katzen ist sie ein Beutetier. Lass sie nie unbeaufsichtigt mit deiner Schildkröte spielen.

Sie könnten sie verletzen – sogar wenn sie nur mit ihr spielen wollen.
Auch Nagetiere wie Meerschweinchen oder Mäuse können Schildkröten gefährlich werden. Vor allem kleine Schildkröten haben unter den Bissen der Nager zu leiden. Manchmal kann das sogar tödlich sein.
Aber die Schildkröte hat ihnen allen etwas voraus: Weil sie kein Fell hat, können auch Menschen mit Tierhaarallergie sie halten. Sie hat keine Flöhe und bekommt weder Keime noch Krankheiten, die auf den Menschen übertragen werden. Deshalb ist sie nicht nur ein langjähriger, sondern auch ein gesunder Begleiter.

2. Wie lebt eine Schildkröte?

Schildkröten leben vor allem in den warmen Gebieten der Erde, zum Beispiel den Tropen. Einige Arten haben sich aber auch an das Leben in kühleren Regionen angepasst. Hier überleben sie mit einem Trick: In der kalten Jahreszeit halten sie einfach eine Winterruhe. In dieser Zeit machen die Landschildkröten aus der Not eine Tugend. Weil sie sowieso kaum Futtertiere finden würden, stellen sie das Fressen einfach ein. Ab Oktober entleeren sie den Darm, nehmen keine Nahrung mehr zu sich und werden schläfrig. Oder sie laufen hin und her, ohne zu fressen. Das bedeutet etwa dasselbe wie: ‚Hilfe, wo kann ich mich verkriechen?'

Tatsächlich musst du deiner Schildkröte dabei helfen, ihre Winterruhe zu halten. Sie mit Massen ihrer Leibspeise doch noch zum Fressen zu bringen, wäre genauso falsch wie das Beheizen ihres Terrariums. Der Auslöser für die Winterruhe ist nämlich nicht die Temperatur, sondern die Tageslänge. Schildkröten sind abhängig vom Tageslicht und merken ganz genau, wenn die Tage kürzer werden. In der Natur verkriechen sie sich dann in eine Höhle und schlafen ein. Diese Höhlen sind frostfrei und trocken, aber die Luft darin ist feucht. Das ist wichtig, damit die Schildkröte nicht im Schlaf austrocknet. Darauf musst du auch achten, wenn du ein geeignetes Plätzchen für die Winterruhe im Haus suchst. Ideal sind alte Keller mit offenem Erdboden, weil daraus auch bei niedrigen Temperaturen immer etwas Feuchtigkeit aufsteigt. Wenn du hier eine Holzkiste von ca. 70 x 70 x 50 cm aufstellst und mit trockenem Laub füllst, hat die wintermüde Schildkröte alles, was sie braucht. Sie vergräbt sich im Laub und kommt erst wieder heraus, wenn die Temperaturen steigen. Sobald es mindestens eine Woche lang wärmer als 12 Grad ist, wird die Schildkröte wach.

Wenn du keinen Keller mit Stampfboden hast, muss die Überwinterungskiste das ausgleichen. Sie sollte dann 80 statt 50 cm hoch sein. Schließlich muss in ihr der Erdboden nachgebaut werden. Das geht so: Ganz unten liegt Teichfolie. Sie hält das Sickerwasser zurück. Darüber werden 10 cm Blähton aufgeschüttet. Hobbygärtner verwenden ihn, wenn sie ihre Topfpflanzen nur selten gießen wollen. Seine Fähigkeit, Wasser zu speichern, kommt in diesem Fall der Schildkröte zugute. Trotzdem sollte man vorsichtshalber ein langes Rohr in die Tonschicht stecken. So kann man von oben Wasser nachgießen.

Der Blähton wird mit Wurzelvlies abgedeckt. Darauf kommen 20 cm Wald-Erde, die du gut festdrücken musst. Der Rest der Kiste wird mit trockenem Laub gefüllt. Hier kann die Schildkröte sich eingraben. Meistens legt sie sich jedoch auf die Erdschicht, weil von dort ein bisschen Feuchtigkeit aufsteigt.

Sicherheitshalber solltest du ein Gerät, mit dem du die Luftfeuch-

tigkeit messen kannst, neben die Kiste stellen. Kontrolliere alle drei Wochen die Luftfeuchtigkeit. 70 bis 80 Prozent sind richtig. Wenn der Wert darunter fällt, gieße ein kleines Glas Wasser durch das Rohr und miss zwei Tage später noch einmal. Aber Vorsicht: Von zu viel Nässe wird das Tier krank!
Außerdem musst du die Überwinterungskiste mit einem engmaschigen Gitter abdecken. So verhinderst du, dass Mäuse sich eingraben und die wehrlose Schildkröte beißen.

Wie eine Landschildkröte während ihrer aktiven Monate, also etwa von März bis Oktober, am liebsten wohnt, haben Kira und das Tilly-Tierlieb-Team im Reptilienzoo erfahren. Hier noch einmal das Wichtigste in Kürze: Die Freifläche des Terrariums muss mindestens fünfmal so groß sein, wie die darin lebende Schildkröte lang werden kann. Griechische Landschildkröten werden als Haustiere etwa 20 cm lang. Das bedeutet, dass sie mindestens einen Quadratmeter Platz zum Laufen brauchen – am besten als Rechteck. Die längliche Form erleichtert es nämlich, verschiedene Temperaturzonen einzurichten. Diese erzeugst du durch die teilweise Beheizung von unten (mit einer Wärmematte) und von oben (mit einem Spotstrahler). Wo keines von beiden zutrifft, wird die kühlere Ecke des Terrariums sein, wo beide zusammentreffen, kann es auch mal 36 bis 38 Grad warm werden. Die Bodentemperatur sollte sich aber zwischen 18 und 22 Grad bewegen.

In ihrer Umgebung braucht die Schildkröte ausreichend Abwechslung. Ein großer, flacher Kletter- und Ruhestein, ein bepflanzter Hügel und mehrere Wurzelstöcke, die auch als Unterschlupf und Schlummerhöhle dienen, sind das Minimum. Verteile dieses „Mobiliar" so, dass die Schildkröte im Bogen darum herumlaufen muss. So wirken

die Wege länger und ihre Erkundung wird interessanter.
Auch der Bodenbelag muss Abwechslung bieten. Wald-Erde mit Rindenmulch speichert Feuchtigkeit und Wärme. In einer Ecke muss das Tier aber auch buddeln oder sogar Eier ablegen können. Hier muss der Boden weicher sein. Am besten mischst du die Erde mit gleich viel Sand. Schütte den Boden in der Buddelecke außerdem höher auf als im Rest des Terrariums. Damit die Schildkröte richtig darin „abtauchen" kann, muss der Buddelboden mindestens 20 cm tief sein. Am besten aber doppelt so tief wie ein ausgewachsenes Tier lang wird, also 40 cm bei einer griechischen Landschildkröte.

Der letzte Einrichtungsgegenstand ist ein flaches Wasserbecken, aus dem die Schildkröte trinken kann. Wenn ihr danach ist, soll sie sich aber auch darin erfrischen können.

Wenn sie im Napf sitzt, darf ihr das Wasser allerdings nur bis zum Halsansatz reichen, sonst könnte sie ertrinken.
Deshalb muss der Rand der Schale flach genug sein, um wieder herauskriechen zu können. Falls die Schildkröte noch sehr klein ist, kann hier ein flacher Trittstein helfen, der unter Wasser direkt am Schalenrand liegt.

Die technische Ausstattung des Terrariums kann kompliziert werden. Helligkeit, Wärme und Luftfeuchtigkeit müssen kontrolliert werden. Am besten lässt du dir von einem Heimwerker helfen, der sich in der Zoohandlung beraten lässt. Auch Vereine von Schildkrötenbesitzern sind eine gute Adresse. Sie geben gerne Ratschläge und man gewinnt schnell neue Freunde.

3. Was frisst eine Landschildkröte?

Die meisten Landschildkröten sind Pflanzenfresser – auch die Griechische Landschildkröte. Gutes Heu gehört immer dazu. Wenn man sich ansieht, woher sie ursprünglich kommt, wird klar, warum: In der Hitze Griechenlands findet sie den ganzen Sommer über kaum Saftfutter, sondern nur dürres Gras. Trotzdem brauchen Schildkröten auch Frischfutter. Salat und Kräuter stehen ebenso auf ihrem Speiseplan wie Früchte und junge Blätter von Bäumen. Bei uns gibt es das ganze Jahr über ausreichend Wildkräuter, um die Schildkröte damit zu ernähren.

Löwenzahn, Gänseblümchen, Klee und Spitzwegerich, Brennnessel, junge Birken- und Buchenblätter oder auch Brombeerblätter wachsen bis in den Herbst. Zusammen mit ungespritztem Wiesenheu bieten sie der Schildkröte alle Mineralien und Vitamine, die sie braucht. Nur manchmal muss man ein bisschen nachhelfen.

4. Was braucht eine Landschildkröte sonst noch?

Wenn die Schildkröte versucht, Sand zu fressen, fehlt ihr Kalzium. Dann solltest du ihr in einem kleinen Schälchen zerstoßene Eierschalen anbieten. Auch Muschelgrit aus dem Zoohandel erfüllt denselben Zweck. Beides darf aber nicht vorbeugend verfüttert werden. Und selbst wenn der Kalkmangel des Tieres bekannt ist, solltest du der Schildkröte immer noch die Wahl lassen, ob, wann und wie viel sie von dem Kalk aufnehmen will. Schildkröten können in dieser Hinsicht ganz gut für sich selber sorgen.

Was sie allerdings nicht beherrschen, ist die Einteilung ihrer Futtermenge. Schildkröten fressen immer weiter, solange es irgendwie geht. Irgendwann wird ihr Fresstempo aber langsamer. Zu diesem Zeitpunkt haben sie sich schon hoffnungslos überfressen. Wenn du herausfinden willst, wie viel Futter deiner Schildkröte gut tut, solltest du die Futterration erstmal abwiegen. Sobald sie langsamer frisst, wiegst du den Rest.

Zieh diesen von der Ausgangsmenge ab und du weißt, wie viel sie verdrückt hat. Normalerweise ist die Hälfte davon ausreichend für einen Schildkröten-Tag. Gib ihr etwa drei Viertel davon am Morgen und den Rest dann, wenn sie nachmittags wieder munter wird. Frisches Heu und Wasser sollten aber immer vorhanden sein.

5. Was kann ich für die Gesundheit meiner Schildkröte tun?

Schildkröten sind sehr robust. Wenn sie gesund und sauber untergebracht sind, können sie 60 Jahre und älter werden. Allerdings können sie durch Infektionen, Vitaminmangel oder Verletzungen auch krank werden. In diesem Fall solltest du auf keinen Fall allein an deiner Schildkröte herumdoktern. Nicht einmal jeder Tierarzt ist auf Reptilien spezialisiert. Am besten fragst du in der Zoohandlung nach, wer Schildkröten behandelt, damit du im Notfall weißt, wohin du dich wenden kannst.

Ob das Tier krank ist, erkennst du an folgenden Anzeichen: trübe Augen oder geschwollene Lider, verschleimte Nase, Bläschen am Mund, schuppige, entzündete Haut, verschmierter Hintern, weicher oder verbogener Panzer – auch Löcher oder nasse Stellen im Panzer kommen vor.

Beim Verhalten des Tieres solltest du vor allem darauf achten, ob es Appetit zeigt und gerne frisst, ob seine Atmung ruhig und gleichmäßig ist und ob es beim Laufen alle viere gleichmäßig anhebt. Wenn es hinten durchhängt, ist dies ebenso ein Krankheitszeichen, wie wenn der Bauchpanzer über den Boden schleift.

Ein Alarmzeichen ist auch stundenlanges Sonnenbaden. Wenn die Schildkröte den ganzen Tag unter dem Wärmestrahler liegt, hat sie ein Problem.

Dasselbe gilt für Tiere, die wochenlang an der Terrariums-Scheibe entlangwandern oder sich ständig eingraben. Wahrscheinlich behagt ihnen das Klima im Terrarium nicht.
Sand fressen wiederum deutet auf einen Mangel in der Ernährung hin.
In all diesen Fällen kann nur der Tierarzt das Tier behandeln.

Du selbst kannst für die Gesundheit deiner Schildkröte am meisten tun, wenn du Krankheiten vorbeugst: durch abwechslungsreiche Ernährung, ausreichend Tageslicht und Wärme, allerdings ohne Zugluft.
Außerdem solltest du einmal pro Woche die wichtigsten Punkte checken:

- Sind die Augen klar?
- Ist das Trommelfell (rundliche Stelle hinter dem Auge, gleich oberhalb des Kiefergelenks) flach?
- Ist die Zunge rosig?
- Ist der Panzer fest, aber elastisch?
- Ist die Haut glatt?

- Ist der Hintern sauber?
- Zieht sich das Tier bei unerwarteter Berührung in den Panzer zurück? Strampelt es beim Hochheben mit den Beinen?
- Frisst es gerne?

Sobald auch nur einer dieser Punkte nicht zutrifft, solltest du die Schildkröte dem Tierarzt vorstellen. Wenn du allerdings alle Fragen mit Ja beantworten kannst, geht es deiner Schildkröte gut und sie ist topfit. Sie wird dich durch deine ganze Schulzeit begleiten – und wenn du groß bist, können deine Kinder sie bewundern. So wird deine Schildkröte zu einer wahren Freundin für die ganze Familie. Und all die Geheimnisse, die du ihr jetzt erzählst, teilt sie noch in vielen, vielen Jahren mit dir.

TIPP VOM TIERARZT

Geprüft von der Tierärztlichen Klinik
Dr. Eichhorn & Dr. Faulstroh,
Frankfurt am Main

Geschichten erzählen war für **Margot Scheffold** schon immer das Größte. Sobald sie schreiben konnte, bastelte sie ihrer jüngeren Schwester Bücher. Oft ging es darin um Tiere, denn davon gab es im und ums Forsthaus jede Menge. In Haus und Garten, im Wald und beim Bauern. Im Lauf der Zeit kam so ein ganzer Zoo zusammen. Bald waren die Geschwister Expertinnen für Hasen und Katzen, Hunde und Ponys, Igel und Vögel. Dabei sammelten sie auch jede Menge Erfahrungen beim Tierarzt. Heute lebt Margot Scheffold als Journalistin und Kinderbuchautorin in Luxemburg.

Dorothea Tust ist in Langenberg im Rheinland geboren und hat in Wuppertal Grafikdesign studiert. Seit ihrem Studium arbeitet sie als freie Illustratorin und hat bislang zahlreiche Kinderbücher und viele, viele Geschichten für die Sendung mit der Maus gezeichnet. Sie lebt in Köln.

Noch mehr tierische Abenteuer mit Tilly

Tierärztin Tilly Tierlieb
Band 1: Hase Schnuffi
128 Seiten
ISBN 978-3-8339-3601-2

Tierärztin Tilly Tierlieb
Band 2: Pony Rocky
128 Seiten
ISBN 978-3-8339-3602-9

Tierärztin Tilly Tierlieb
Band 3: Kater Karlchen
144 Seiten
ISBN 978-3-8339-3603-6

Tierärztin Tilly Tierlieb
Band 4: Hund Balu
160 Seiten
ISBN 978-3-8339-3604-3

Tierärztin Tilly Tierlieb
Band 5: Meeschweinchen Wuschel
144 Seiten
ISBN 978-3-8339-3605-0

MIT TIPPS VOM TIERARZT

LESESPASS MIT LERNEFFEKT

Margot Scheffold / Dorothea Tust:

Tierärztin Tilly Tierlieb

Hardcover, s/w illustriert, Preis pro Band:

€ 8,90 (D)/€ 9,20 (A)

Tierärztin Tilly Tierlieb
Band 6: Wellensittich Filou
144 Seiten
ISBN 978-3-8339-3606-7

Tierärztin Tilly Tierlieb
Band 7: Rennmaus Speedy
144 Seiten
ISBN 978-3-8339-3607-4

Tierärztin Tilly Tierlieb
Band 8: Pferd Sternchen
144 Seiten
ISBN 978-3-8339-3608-1

www.baumhaus-verlag.de

Sina

liebt Pferde über alles. Sie hat ihr Zimmer mit Pferdepostern geschmückt und träumt von einem eigenen Pony. Außerdem schwärmt sie heimlich für Lenni.

Max

Maxi, Mini-Max, gerade 7 Jahre alt. Für Sinas kleinen Bruder steht fest: Ein richtiger Mann braucht einen Hund! Omannomann – ist das so schwer zu verstehen?!

Lenni

wohnt mit seiner Mutter und Zwergkaninchen „Hops“ in einer Stadtwohnung. Er kennt sich mit Tieren aus und ist einfach cool. Deswegen ist er Maxis großes Vorbild.